"贵州乡村振兴"书系获
贵州出版集团有限公司出版专项资金
资　助

"畜禽养殖技术手册"丛书

鸭养殖技术手册

贵州省农学会 贵州农业职业学院 / 编

支 锐 李洪林 / 主编

贵州出版集团
贵州科技出版社

·贵阳·

图书在版编目（CIP）数据

鸭养殖技术手册 / 贵州省农学会，贵州农业职业学院编；支锐，李洪林主编. —— 贵阳：贵州科技出版社，2023.6

（"畜禽养殖技术手册"丛书）

ISBN 978-7-5532-1171-8

Ⅰ. ①鸭… Ⅱ. ①贵… ②贵… ③支… ④李… Ⅲ. ①鸭—饲养管理—手册 Ⅳ. ①S834.4-62

中国版本图书馆CIP数据核字(2022)第244092号

鸭养殖技术手册

YA YANGZHI JISHU SHOUCE

出版发行	贵州出版集团　贵州科技出版社
地　　址	贵阳市观山湖区会展东路 SOHO 区 A 座（邮政编码：550081）
出 版 人	王立红
经　　销	全国各地新华书店
印　　刷	贵州新华印务有限责任公司
版　　次	2023 年 6 月第 1 版
印　　次	2023 年 6 月第 1 次
字　　数	39 千字
印　　张	2.125
开　　本	787 mm x 1092 mm　1/32
定　　价	12.00 元

"贵州乡村振兴"书系编委会

主　　编：宋宝安

常务副主编：（按姓氏笔画排序）

冉江舟　冯泽蔚　苏　跃　杨光红　何世强　陈嬢嬢　孟平红

副 主 编：（按姓氏笔画排序）

刘　涛　许　杰　李正友　杨　文　余金勇　张效平　胡远东
曹　雨　戴　燚

编　　委：（按姓氏笔画排序）

王家伦　文晓鹏　邓庆生　石　明　冉江舟　付　梅　冯泽蔚
吕立堂　朱国胜　乔　光　任　红　刘　涛　刘　锡　刘　镜
许　杰　苏　跃　李　敏　李正友　李祥栋　杨　文　杨光红
何世强　余金勇　余常水　邹　军　宋宝安　张　林　张文龙
张廷刚　张依欲　张效平　张福平　陈　卓　陈泽辉　陈嬢嬢
孟平红　赵大琴　胡远东　钟　华　钟孟淮　姜海波　姚俊杰
秦利军　曹　雨　龚　俞　章洁琼　董　璇　曾　涛　雷　阳
蔡永强　燕志宏　戴　燚

"畜禽养殖技术手册"丛书编委会

主　编：彭中友　支　锐
副主编：乔艳龙　曹　娟
委　员：（按姓氏笔画排序）
　　　　支　锐　乔艳龙　李珊珊　李洪林
　　　　陈　利　陈　颖　班明政　桂国弘
　　　　曹　娟　彭　琼　彭中友　廖　飞

总序

"贵州乡村振兴"书系诞生于如火如荼实施的乡村振兴战略大背景之中，从立意、策划、约请作者、编辑书稿、整体设计，直至当前首批成果即将付梓，时间已过去三年。三年中，书系历经多次思路的调整和具体方案的修改，人事也多有变更，但书系所有参与者为乡村种植、养殖产业发展提供技术服务，为乡村生态文明建设提供价值引领，为乡村振兴取得新成果进行总结与宣传的"初心"，迄今没有改变。

编辑出版"贵州乡村振兴"书系，主要目的是让最前沿的科学知识和成熟的实用技术尽快转化为解决实际问题的要素和生产力提升的推进器。伴随着"贵州乡村振兴"书系抵达田间地头，实用知识和技术"飞入寻常百姓家"。在中国这样有着悠久历史的农业大国，农业科学技术日新月异，不断地推动着种植业、养殖业的发展；与此同时，我国是人口大国，为人民健康保驾护航的医学同样发展迅速。快速发展意味着科学知识、实用技术更新迭代的加快,只有使用最新的成熟技术和知识,才能为贵州产业发展、生态环保、健康生活提供保障,满足广大群众的期盼和渴求。书系中的各个板块,都力图将相关领域最新科学知识和技术化繁为简、化难为易,让阅读该书的广大群众尽快掌握和运用。

在形式上,书系以图文搭配、图文互彰的活泼形式,让严谨的科技知识更易被普通群众接受。书系的主要服务对象为活跃在田间地头的科技特派员、村里的种植户与养殖户(包括合作社、公司等负责人)、农村特殊人群(如患常见疾病的病人、职业病病人、孕产妇、老年人、儿童等)、驻守一线的村干部、返乡大学生、农技员等,如何将正确的理念、前沿的知识、优秀的技术"接地气"地传达给他们,经调查研究、试验、甄别,参考优秀"三农"图书,最终,我们采用科普读物、学术专著兼具,但对科普有所偏重的组织架构。其中,科普读物采用清晰明了的图片、图示配合简明易懂的文字这一出版形式:文字简洁,可以让读者直接抓住实用知识和信息,不走弯路,节省时间;清晰的图片、图示,既可将方块字、数据蕴含的信息可视化,又能丰富和补充文字信息,甚至能呈现由于文字自身的模糊性而无法清楚传递的信息。活泼的设计也有助于调节视觉疲劳和阅读节奏,让纯粹以获取知识和技能、解决问题和困难为目的的阅读不再枯燥乏味。此外,书系中大部分图书采用了口袋书设计,便于携带。

书系的作者,都是在相关领域有扎实的专业知识的。在种植、养殖板块,我们邀请了从事教学和研究多年的专家,以及长期深入田间地头指导具体操作的科技特派员和农技员;在健康板块,作者都从医多年,对于农村人群健康素养水平的提升、常见疾病的防治等经验丰富;在农村"五治"(治垃圾、治厕、治水、治房、治风)板块,我们邀请了从事规划和教学的专家……总之,书系作者既对自己研究的领域有扎实研究,又熟悉贵州的气候、资源禀赋、地形地貌等,与此同时,他们还十分了解这片土地上生活着的人们内心的期待和需求,有着以自身所学所研回馈这片土地的质朴赤子情,也有着"将论文写在大地上"的奋斗精神。

"贵州乡村振兴"书系目前包含"生态农村建设系列"丛书、"农村健康生活知识手册"丛书、"茶叶栽培加工技术手册"丛书、"特色中药材种植养殖技术手册"丛书、"林木作物、农作物种植技术手册"丛书、"畜禽养殖技术手册"丛书、"水产生态养殖技术手册"丛书、"农技员培训系列"丛书等。随着乡村振兴战略的实施,我们也将适时新增板块,以配合和助力贵州乡村振兴的强力推进。当然,虽名为"贵州乡村振兴"书系,主要是为配合贵州乡村振兴工作而策划,但也适用于国内其他部分省(区、市)。

贵州曾是全国脱贫攻坚主战场,当前则是全国乡村振兴战略实施的主战场,统筹城乡一体化发展的任务十分艰巨。

希望"贵州乡村振兴"书系的推出,可以切实助力于"新型工业化、新型城镇化、农业现代化、旅游产业化"目标的实现,乃至助力于全面建成社会主义现代化强国和实现中华民族伟大复兴。

是为序。

中国工程院院士
贵州大学校长 宋宝安
2023 年 3 月

目 录

第一篇	养殖的鸭主要有哪些品种?	01
第二篇	养鸭场应如何选址?	09
第三篇	鸭有哪些饲养方式?	13
第四篇	不同类型的鸭舍怎么修建?	21
第五篇	如何喂养鸭?	27
第六篇	怎么做好鸭的养殖管理?	33
第七篇	怎么防治鸭病?	45

第一篇

养殖的鸭主要有哪些品种?

按照经济用途,养殖的鸭可分为三大类型:肉用型、蛋用型、肉蛋兼用型。

★ 肉用型:体形硕大,躯体宽阔,胸部丰满,颈、腿短粗,蹼宽厚;生长快,饲料利用率高,屠宰率高,肉质好。

★ 蛋用型:体形较小、狭长,颈细长,腿细,后躯发达,肌肉结实;成熟早,产蛋多,饲料消耗多,适应能力强。

★ 肉蛋兼用型:体形介于肉用型和蛋用型之间;成熟早,生长快,产蛋中等,肉质较好,适应能力较强。

肉用型鸭

北京鸭 ★

全身羽毛纯白色，略带乳黄色光泽，体形硕大、丰满；背宽平，胸部丰满、突出，腹部丰满、紧凑，两翅小而紧贴躯体，尾部钝齐，微向上翘起。150日龄（日龄，是以日为单位来表述鸭的年龄）北京鸭的体重为2.8公斤（1公斤=1000克=2斤）*左右。

北京鸭公鸭

北京鸭母鸭

---

* 鉴于本书为农业科普性质图书，为便于广大农民群众阅读理解与实际操作，本书质量单位采用"公斤"，并在全书第一次出现处分别给予其与"克""斤"和"平方米"的换算关系；物理量的单位采用文字表述（如"平方米"）。

骡鸭 ⭐

骡鸭是栖鸭属的公番鸭与河鸭属的母鸭杂交所产生的后代,俗称半番鸭或土番鸭。公番鸭与母鸭血缘较远,它们杂交所产生的后代是不能繁殖的,此种情况类似于公驴与母马杂交后所产的马骡,因此其后代被称为骡鸭。60日龄骡鸭的体重可达3公斤以上,是品种优良的肉鸭。

⚠ 注意:骡鸭公鸭、骡鸭母鸭都没有繁殖能力,外形也很相似,因此不易区分!!!

养殖的鸭主要有哪些品种？

第二篇

蛋用型鸭

绍兴鸭 ★

绍兴鸭是我国产蛋率高的优良品种。它的特点是体形小，一般体重为1.00~1.25公斤；吃食省，全年每只鸭只需喂养饲料60斤左右；全年可产蛋15公斤左右（约300枚蛋）。

绍兴鸭公鸭

绍兴鸭母鸭

三穗鸭 ★

三穗鸭原产于贵州省三穗县,饲养120~150天后,公鸭体重可达到1.5公斤,母鸭体重可达到1.4公斤,年产蛋量可达260枚。

三穗鸭公鸭

三穗鸭母鸭

养殖的鸭主要有哪些品种？

第三篇

肉蛋兼用型鸭

高邮鸭

成年公鸭体重为3~4公斤，成年母鸭体重为2.5~3.0公斤。在放牧饲养条件下，一般70日龄高邮鸭的平均体重可达1.5公斤；采用配合饲料饲养的话，50日龄高邮鸭的平均体重可达1.78公斤。母鸭180~210日龄可开产，年产蛋170枚左右。

高邮鸭公鸭

高邮鸭母鸭

兴义鸭 ★

兴义鸭主产于贵州省西南部。成年公鸭体重约为1.6公斤,成年母鸭体重约为1.5公斤。年产蛋量为170~180枚。

兴义鸭公鸭

兴义鸭母鸭

第二篇

养鸭场应如何选址？

★ 养鸭场应建在地势较高、干燥、采光充分、隔离条件良好的区域。

★ 养鸭场周围应有围墙或防疫沟，并建有绿化隔离带。

★ 养鸭场周围3公里（1公里=1000米）以内应无大型化工厂、矿区，1公里以内应无屠宰场、肉品加工厂或其他畜牧场等污染源。

★ 养鸭场距离干线公路、学校、医院、城镇居民区等应在1公里以上，距离最近的村庄也应在500米以上。

★ 养鸭场不允许建在饮用水源或食品厂的上游。

养鸭场应如何选址？

养鸭场

距离村庄500米以上。

距离干线公路、医院、学校、城镇居民区等1公里以上。

医院　　　学　校　　　城镇居民区

干线公路

鸭养殖技术手册

第三篇

鸭有哪些饲养方式?

鸭常见的饲养方式主要有 3 种：放牧饲养、全舍饲养、半舍饲养。

★ **放牧饲养**：

将鸭群放养于农田、湖泊、河塘、林下，让其自行觅食。这样可以节约大量饲料，成本低，同时可以增强鸭的体质。此种饲养方式适合养殖种鸭、蛋鸭、肉鸭。

★ **全舍饲养**：

将鸭群全部放在鸭舍内进行饲养。采取的是网上平养、地面垫料平养的方式。此种饲养方式适合养殖肉鸭。

★ **半舍饲养**：

将鸭群固定在鸭舍、陆面运动场和水上运动场进行饲养，不外出放牧。这是我国当前养鸭采用的主要方式之一。此种饲养方式适合养殖种鸭或者蛋鸭。

鸭有哪些饲养方式?

第三篇

放牧饲养

放牧饲养可细分为湖泊养鸭、林下养鸭、农田养鸭、河塘养鸭4种养殖模式。

湖泊养鸭

林下养鸭

农田养鸭

河塘养鸭

注意事项：

★ 放牧前选择好牧地和放牧路线，了解牧地近期是否使用过农药。

★ 放牧群控制在 500~1000 只为宜，按大小、公母分群放牧饲养。

★ 在不同的季节，放牧时间要合理安排。比如天热时，只能在清晨或傍晚放牧，而且牧地不能过远，以防止鸭疲劳中暑。

★ 有风天气要逆风放牧，以防止鸭受凉，且有利于鸭在水中觅食。

鸭有哪些饲养方式？

第三篇

全舍饲养

全舍饲养可细分为网上平养、地面垫料平养两种养殖模式，参见下面的插图。

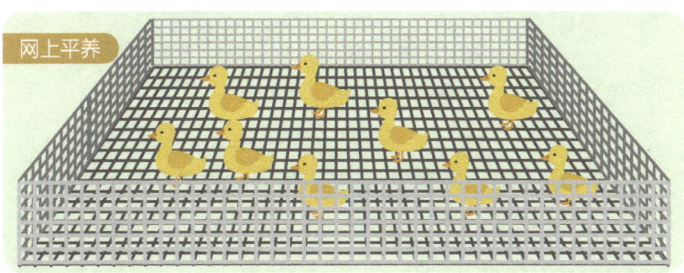
网上平养

地面垫料平养

（1米=100厘米）

8厘米

注意事项：

★ 鸭舍养殖规格为每平方米养殖8~9只。

★ 采取地面垫料平养养殖模式，需要在水泥地面上铺8厘米厚的垫料（每平方米约5公斤），必要时还需要翻晒垫料，以保持垫料干燥。垫料一般要在鸭舍第二次消毒前铺好，最迟应在雏鸭进舍前24小时铺好。垫料（如稻壳等）要求干燥、无霉菌、无有害物质、吸水性强。

★ 鸭舍内必须设置饮水系统和排水系统。

★ 鸭的粪污经过高温堆肥等无害化处理后可以用来肥田，或者经必要的消毒后拿来喂鱼；污水可经过物理方法、化学方法或生物方法等处理后，直接排放或循环使用。

鸭有哪些饲养方式?

半舍饲养

半舍饲养方式可以参见下面的插图。

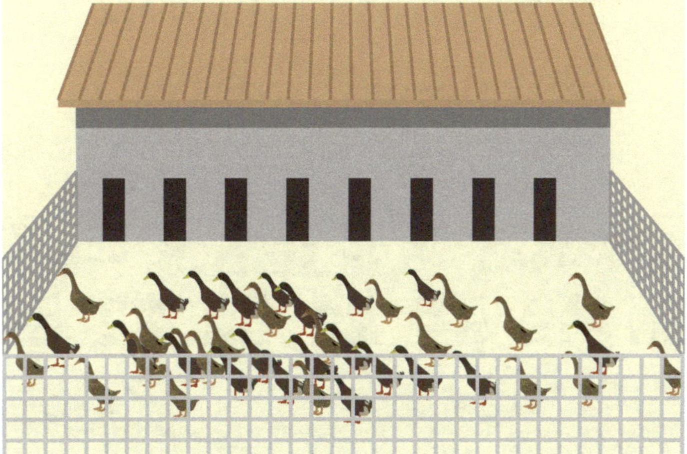

注意事项：

★ 鸭舍所用垫料等与全舍饲养的一致。

★ 饮水系统和排水系统既可设置在鸭舍内，也可设置在鸭舍外。

第四篇

不同类型的鸭舍怎么修建？

鸭舍的类型

鸭舍一般分为育雏舍、肉鸭舍和种鸭舍3种类型。

不同类型的鸭舍怎么修建？

★ **育雏舍：**

要求保温性能良好，干燥透气。地面垫料平养，应在地上铺木屑、稻草等垫料，且为保持舍内干燥，应避免将饮水器中的水洒在地上；网上平养，应用适宜的材料搭好框架，网面距离地面应有1米左右。

★ **肉鸭舍：**

要求通风透气。地面垫料平养，需要配备陆面运动场和水上运动场，饮水位置应设在运动场外围，以保持舍内干燥；网上平养，肉鸭舍的结构应与育雏舍的相似。

★ **种鸭舍：**

分为舍内和舍外两部分：舍内设置围栏，且最好是水泥地面，舍的周围可设置产蛋箱，其他地方放塑料网或竹笆等供鸭栖息；舍外可设置陆面运动场和水上运动场。

修建要求

育雏舍 ★

育雏舍一般采用地面垫料平养和网上平养两种养殖模式。

地面垫料平养

网上平养

★ **框架材料：**
水泥杆、木料、毛竹等。

★ **网面材料：**
塑料网、金属网、竹笆等。

★ **网眼规格：**
长1厘米，宽1厘米。

肉鸭舍

肉鸭舍一般也采用地面垫料平养和网上平养两种养殖模式。

地面垫料平养

网上平养

★ **框架材料:**

水泥杆、木料、毛竹等。

★ **网面材料:**

塑料网、金属网、竹笆等。

★ **网眼规格:**

长2厘米,宽2厘米。

种鸭舍

种鸭舍内外的修建可以参见下面的插图。

★ **围栏：**
高约0.7米。

★ **产蛋箱规格：**
长40厘米，宽40厘米，高40厘米。

★ **舍内、舍外面积占比：**
舍内、陆面运动场面积占比为1∶1.5（举例来说，5亩的种鸭舍，其中2亩建为舍内运动场，3亩建为陆面运动场）；舍内、水上运动场面积占比为1∶2（举例来说，6亩的种鸭舍，其中2亩建为舍内运动场，4亩建为水上运动场）。

第五篇

如何喂养鸭?

投喂方案

鸭的饲料投喂可以采用两种方案：配合饲料+天然饲料，或者农家原粮+天然饲料。

方案一 ★

方案二 ★

如何喂养鸭？

第五篇

天然饲料

农博士，哪些天然饲料适合喂养鸭呢？

蝇蛆等昆虫和蚯蚓、鱼虾、田螺，以及青绿饲料、多汁饲料等。

青绿饲料

农博士,什么是青绿饲料?

比如黑麦草、青饲玉米、青饲燕麦、红三叶、白三叶、紫云英、浮萍、白菜、萝卜叶、鸭茅、聚合草、紫花苜蓿、菊苣等,都属于青绿饲料。

白三叶

浮萍

白菜

萝卜叶

多汁饲料

农博士,那什么又是多汁饲料呢?

比如萝卜、南瓜、胡萝卜、甘薯(即地瓜)、马铃薯(即土豆,或称洋芋)等,都属于多汁饲料。

注意事项：

★ 严禁使用霉烂变质、结块、冷冻、被农药或黄曲霉菌污染的饲料原料。

★ 胡萝卜宜生食，煮熟后其中的胡萝卜素、维生素C、维生素E等会被破坏。

★ 马铃薯需蒸煮或晒干后才能投喂。严禁使用已发芽的马铃薯。

★ 严禁使用带黑斑的甘薯。

★ 饲料中的金属异物和泥沙须清除。

★ 各种饲料原料的调配应严格按照营养需求，准确称量使用，不得添加违禁饲料添加剂。

第六篇

怎么做好鸭的养殖管理？

鸭的养殖一般分雏鸭、育成鸭、产蛋鸭、种鸭这4种类型来分别管理。

雏 鸭

育成鸭

产蛋鸭

种 鸭

怎么做好鸭的养殖管理?

雏鸭的养殖管理

雏鸭的来源

应选择产自无疫情地区的雏鸭。如果雏鸭所在的种鸭场等出现过鸭病毒性肝炎、鸭瘟、禽出血性败血症（简称禽出败，又称禽霍乱）等，雏鸭很大概率会被感染。引进这种雏鸭，很有可能会使整个鸭群发病，造成严重的经济损失。

鸭瘟等疾病会导致整个鸭群死亡，购买雏鸭时需谨慎！！！

雏鸭的投喂次数与投喂量 ★

★ 0~6日龄的雏鸭,每隔2~3小时投喂饲料1次,可保证每只雏鸭都能吃到饲料。

★ 7~9日龄的雏鸭,定时、定量喂食,每隔4小时投喂饲料1次。

★ 10~30日龄的雏鸭,可投喂蝇蛆、蚯蚓、鱼虾、田螺等生物饲料。

★ 30日龄后的雏鸭,按投喂量的15%补充牧草、蔬菜等青绿饲料。

怎么做好鸭的养殖管理?

第六篇

注意事项:

养育雏鸭时,应遵循"先开饮,再开食"的原则。具体来说,就是先饮后喂,定时定量;少给勤喂,防止暴食。

先开食

先开饮

雏鸭的养殖条件 ★

可以参照表1、表2执行。

表1 雏鸭的养殖温度

日　龄	养殖温度
1~3天	32~35℃
4~6天	30~32℃
7~10天	25~30℃
11~15天	20~25℃
16天之后	逐步减温或保持常温（25℃）即可

表2 雏鸭的养殖密度

周　龄	每平方米养殖数量
1周	20~25只
2周	10~15只
3周	6~10只
4周	4~6只

育成鸭的养殖管理

育成鸭的养殖方式

一般把处于第5周龄至第16或18周龄,或者开产前的青年鸭,称为育成鸭,把这个时期称为育成期。这个时期的鸭对外界的适应能力逐渐增强,可以在常温下饲养,甚至露天饲养。

育成鸭的投喂次数

★ 网上养殖和发酵床养殖：

采用自由觅食或定餐投喂方式，饲喂新鲜饲料，保持1个昼夜投喂3~4次。

★ 放养养殖：

宜早、晚各补喂1次。如果野外资源丰富，可每天补喂1次；如果遇到下雨、刮风等不良天气，放养时间减少时，需要临时增加补喂的次数。

怎么做好鸭的养殖管理?

育成鸭的养殖条件

可以参照表3执行。

表3 育成鸭的养殖密度

周　龄	每平方米养殖数量
5~8周	15只
9~12周	12只
13~18周	10只

产蛋鸭的养殖管理

产蛋鸭的养殖方式 ★

产蛋鸭的养殖方式包括放牧、全舍饲、半舍饲3种。其中,以半舍饲方式最为常见,养殖密度为每平方米7~8只。

怎么做好鸭的养殖管理？

产蛋鸭的投喂次数与投喂量

可以参照表4执行。

表4　产蛋鸭的投喂次数与投喂量

阶　段	日　龄	每天投喂次数	投喂量	每天光照时间
产蛋初期	150~200天	4次	任食制	14~16小时
产蛋前期	201~300天	4次	任食制	14~16小时
产蛋中期	301~400天	4次	任食制	16~17小时
产蛋后期	401~500天	4次	任食制	16~17小时

种鸭的养殖管理

公种鸭、母种鸭的养殖比例

在早春和冬季,公种鸭、母种鸭的养殖比例是1:20(举例来说,每养殖10只公种鸭,应搭配养殖200只母种鸭);在夏季和秋季,公种鸭、母种鸭的养殖比例是1:30(举例来说,每养殖10只公种鸭,应搭配养殖300只母种鸭)。

第七篇

怎么防治鸭病?

设立消毒设施

养鸭场入口处应设立消毒设施,如消毒池等。消毒池中可倒入10%的石灰水或者2%~5%的漂白粉溶液等消毒剂,每半个月更换1次消毒剂。

消毒池

怎么防治鸭病?

第七篇

定期消毒

每周在圈舍周围撒石灰粉,进行环境消毒。饮水桶、饲料桶等用具可用每10公斤水兑1瓶盖百毒杀消毒液,喷洒消毒或冲洗消毒。

⚠ 注意:配置消毒液时,记得要戴手套和口罩,避免被烧伤,以及吸入消毒液而中毒!!!

预防接种

合理的免疫程序是防治传染病的核心技术,具体措施有:

★ 制定科学、合理的免疫程序,按照鸭的日龄及时给鸭注射疫苗,可以参照表5执行。

★ 做好养殖管理。比如:避免圈舍过于拥挤,及时清扫圈舍里的粪便,投喂营养全面的饲料,等等。

怎么防治鸭病?

表5　不同日龄鸭的疫苗接种

日　龄	疫苗名称	注射方法	每只鸭的注射量
1~3天	鸭病毒性肝炎疫苗或高免血清	皮下注射	1.0毫升（1升=1000毫升）
5~7天	鸭传染性浆膜炎、大肠杆菌病二联灭活疫苗	皮下注射	0.5毫升
10天	鸭瘟疫苗	肌内注射	0.5毫升
10天	禽流感病毒（H5+H7）疫苗	肌内注射	0.5毫升

⚠ 注意：一定要到正规厂家购买疫苗，并按照说明书的要求妥善保存疫苗！！！

教你给鸭接种疫苗

给鸭接种疫苗有几种方式,常用的有滴鼻、皮下注射、疫苗兑水饮用、肌内注射等。

疫苗兑水饮用前,鸭必须先行停止饮水。半小时内饮完兑水的疫苗,1.0~1.5小时后再给鸭正常饮水。

滴鼻

皮下注射

疫苗加水饮用

肌内注射

定期驱虫

鸭群的驱虫保健非常重要,宜早不宜迟,要在发病前驱虫。对于寄生蠕虫,正常情况下,放牧的鸭群宜2个月驱1次。

用于鸭绦虫病

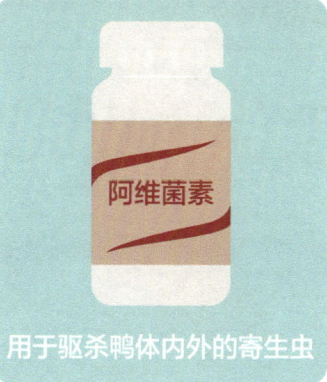

用于驱杀鸭体内外的寄生虫

早发现、早治疗

如果发现鸭出现精神不振（如沉郁、嗜睡等），厌食，不愿走动，倒地抽搐，歪脖扭颈，全身羽毛松乱，腹部和翅膀的羽毛污秽，常呆立或独处一旁，鼻孔周围干燥或流鼻水，头部肉瘤、脚、嘴等部位均失去光泽，用手触摸有灼热感等症状，说明鸭已经感染疾病。接近病鸭时，它会伏地不起，无力挣扎，头部肉瘤与脚部发冷，这时一定要及时对所有发病的鸭进行隔离。

不愿走动　　精神不振　　流鼻水
倒地抽搐　　歪脖扭颈　　厌　食

看鸭粪，识鸭病

可以参照表6执行。

表6　病鸭的粪便与对应疾病

粪便类型	对应疾病
黄白色稀粪便，粪便黏稠，常黏糊于肛门	肠炎、鸭传染性浆膜炎
绿色粪便	鸭瘟、鸭副黏病毒病等病毒性疾病
肉红色粪便	球虫病、绦虫病、蛔虫病，以及肠炎恢复期
硫黄色粪便	盲肠炎、肝炎

无害化处理

病死鸭的处理 ☆

处理池应远离养殖区50米以上，池深至少2米以上。

投放病死鸭后，须撒上石灰粉消毒，填埋好后还须做好警示标识。

病死鸭无害化处理池

粪便的堆积发酵 ☆

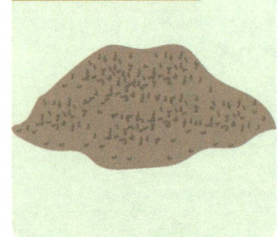

鸭粪便集中堆肥点

鸭的粪便要及时清理。粪便可堆积发酵，堆肥30天后，就可以作为农家肥施用。

鸭粪便集中堆肥点应远离养殖区50米以上。